黑土地保护性耕作

"梨树模式"的十五年

主编　解宏图 鲍雪莲

中国农业出版社
北京

图书在版编目（CIP）数据

黑土地保护性耕作"梨树模式"的十五年 / 解宏图，
鲍雪莲主编． -- 北京 ：中国农业出版社，2024．10．
ISBN 978-7-109-32608-8

Ⅰ．S157.1；S341

中国国家版本馆CIP数据核字第2024EF5939号

黑土地保护性耕作"梨树模式"的十五年
HEITUDI BAOHUXING GENGZUO "LISHU MOSHI" DE SHIWU NIAN

中国农业出版社出版

地址：北京市朝阳区麦子店街18号楼
邮编：100125
责任编辑：闫保荣
版式设计：小荷博睿　　责任校对：张雯婷
印刷：北京中科印刷有限公司
版次：2024年10月第1版
印次：2024年10月北京第1次印刷
发行：新华书店北京发行所
开本：889mm×1194mm　1/12
印张：11
字数：150千字
定价：198.00元

《黑土地保护性耕作"梨树模式"的十五年》编委会

主　　任：张旭东

副 主 任：何红波　王贵满

主　　编：解宏图　鲍雪莲

副 主 编（按姓氏笔画排序）：

　　　　　王笑影　邓芳博　朱雪峰　刘亚军　杨雅丽

参编人员（按姓氏笔画排序）：

　　　　　王　影　李社潮　张玉兰　原树生　董文赫　董　智　霍海南

摄　　影：邹志强

美　　编：李佰超

统　　稿：高德臣

前　言

Foreword

　　为展示中国科学院沈阳应用生态研究所黑土地保护研究团队在过去十几年探索保护性耕作技术，为黑土地保护做出的贡献，特编纂此画册，以飨读者。

　　保护性耕作是在秸秆覆盖地表的情况下进行少耕、免耕种植的一种耕作方式，核心要素为适量的秸秆覆盖、最少的土壤扰动及适当的轮作。保护性耕作始于 19 世纪 30 年代，但我国开始探索保护性耕作较晚。2007 年，中国科学院沈阳应用生态研究所黑土地保护研究团队开始开展保护性耕作技术研究，经过十余年的探索，形成了完善的保护性耕作技术模式、农机配套体系及示范推广体系。该套保护性耕作技术受到了国家领导人的认可，被称为"梨树模式"。黑土地保护性耕作"梨树模式"，首先，改变了东北地区的传统耕作方式，从翻耕、旋耕转变为免耕、少耕，从没有秸秆覆盖发展到适量的秸秆覆盖及覆盖作物覆盖，从连作转变为适当的轮作；其次，构建了适合东北地区的保护性耕作技术模式和农机配套体系，实现了农机、农艺融合，适应了我国土地经营规模分散、农业机械相对落后的农业生产现状；最后，推动了东北黑土地保护纳入国家战略，促进了"东北黑土地保护性耕作行动计划""高标准农田建设""黑土地保护与利用"三大工程项目的实施。

　　该画册记录了过去十几年中国科学院沈阳应用生态研究所黑土地保护团队与其他科研院所合作，在黑土地保护性耕作"梨树模式"研发过程中开展试验布设、数据监测、野外调查、实施效果评价等工作。通过众多硕士研究生、博士研究生、专家教授、合作社理事长、农机企业及政府主管部门的辛苦努力，换来了保护性耕作技术在东北地区的有效实施。我们希望这本画册的出版能够唤醒更多的人参与到保护性耕作技术的应用中，使这一保护黑土地的有效技术手段可以大面积推广，为黑土地保护和国家的粮食安全做出贡献。

解宏图

2023 年 11 月 21 日

目 录
Contents

"梨树模式"的十五年

2007

2016

2020

2021

2024

开始研发保护性耕作技术

保护性耕作"梨树模式"形成

总书记考察梨树

黑土地保护国家战略全面实施

保护性耕作"梨树模式"效果显著

【第一章】

黑土地之殇

　　东北粮食主产区耕地面积 4.5 亿亩*，是国家最大的商品粮基地。东北粮仓是我国粮食安全的"稳压器"，对国家安全起到至关重要的作用。然而，持续的土壤退化严重威胁东北商品粮基地的粮食生产能力，也制约着东北粮食主产区作物生产潜力的发挥并影响农业可持续发展。经过 100 多年的开垦，土壤耕层的有机质含量下降了50% ～ 60%，黑土层平均厚度由 50 ～ 60 厘米下降到 30厘米左右，造成中低产黑土地面积不断加大，土壤潜在生产力下降。土壤退化的根本原因是传统的耕作制度下，重用轻养，长期掠夺式经营，土地利用处于"超负荷"状态。土壤侵蚀严重，养分库容降低，养分高效调节能力丧失，肥料超量施用，秸秆焚烧造成大量养分资源的浪费，并产生严重的环境问题。

---

　　*　1 亩 ＝ 1/15 公顷。

第一章　黑土地之殇

第一章 黑土地之殇

第一章　黑土地之殇

传统耕作方式

　　以铁犁配合牛马等牲畜牵引完成整地、松土及耕种的传统耕作方式一直延续到 21 世纪初。这种耕作方式的弊端是动土量大、作业环节多且耗时费力。

第一章　黑土地之殇

秸秆焚烧

　　在传统耕作制度中，秸秆焚烧的目的是清理种床，为下一季种植做准备。这一习惯在中国已沿袭千年，春播和秋收季节随处可见，焚烧秸秆污染环境，浪费资源。

第一章　黑土地之殇

传统秸秆离田方式

传统秸秆离田方式采用畜力车、拖拉机将秸秆打捆拉回家，用作烧柴。这也是一种常见的清理秸秆的方式，相比于秸秆就地焚烧，这种方式提升了秸秆的利用价值。

第一章　黑土地之殇

机械化秸秆离田方式

现代化的秸秆离田方式是利用秸秆打包机将秸秆压缩成块，压缩后的秸秆有利于存储和运输，大大提升了秸秆的收集和管理效率。但秸秆打包机在操作过程中会带起大量的表土，并将其卷入秸秆中，造成大量富有营养的表土流失。

第一章 黑土地之殇

受风力侵蚀土壤现状

　　东北地区春季干旱多风，而长期秸秆离田或焚烧导致有机物料投入不足，频繁翻耕、整地加速了土壤有机质的矿化消耗。在这种背景下，长期裸露的土地，易受风力侵蚀，进而导致土壤沙化。

第一章　黑土地之殇

土壤水蚀情况

    雨季来临时，由于表土剥离、裸露的地表受雨水冲刷极易发生严重的水土流失形成侵蚀沟，同时伴随着大量的养分流失，严重地降低了耕地质量。据黑土地白皮书（2020 年）报道，东北黑土地侵蚀沟已累计损毁耕地 33.3 万公顷，东北黑土地水土流失面积达 21.87 万平方千米，占黑土地总面积的 20.11%。

    长期的过度耕作导致土壤持续退化，极大降低了其吸收和渗透水分的能力。降雨发生时，水分不能迅速被土壤吸收产生径流，增加了河道的水流速度，加剧了对河岸的冲蚀，导致两侧的土壤不断被水流剥蚀带走，侵蚀沟不断扩大。

第一章 黑土地之殇

土壤板结

由于长期的有机投入不足，土壤盐渍化及机械压实，造成土壤孔隙度减少，通透性差，进而导致土壤性质恶化，地力衰退，土壤肥力下降。

黑土层消失

　　土壤颜色主要由土壤有机质含量和土壤矿物决定，东北地区部分山坡地土壤有机质下降，土壤已逐渐失去黑色，变成"红壤"。

【第二章】

保护性耕作 试验平台 建设

保护性耕作试验平台的建设和维护过程非常艰辛，需要数年的持续投入和不懈努力。从确定研究目标到选址、从设计试验方案到购置材料、从开展试验到数据收集和分析、从建立完善到持续维护，每个阶段都可能面临各种挑战和障碍，需要不断调整和解决。并且，建设一个试验平台还需要足够的资金支持和科研团队通力合作与紧密配合。因此，这是一项需要付出大量时间、精力和资源的持续性工作，常常需要长期的驻扎、试错和持续努力才能取得成功。

2007 年起，中国科学院沈阳应用生态研究所率先在吉林省梨树县高家村开展秸秆全覆盖保护性耕作技术研究，保护性耕作的核心要求是"多覆盖、少动土、适当轮作"，由于之前当地都是传统耕作，地表没有秸秆，研究团队购买秸秆，用铡刀铡成段铺在划好的试验小区中，然后用免耕播种机进行播种，开启了第一年的保护性耕作试验。

最初试验地块

2007 年春季的试验地块秸秆被收走或就地焚烧，导致没有可利用的秸秆，只能在开始试验前，通过购买来获得。

处理秸秆

研究人员与农民将购买的秸秆铡成段，用于后续覆盖还田。

人工铺设秸秆于试验小区中

随着第一块秸秆覆盖田间试验的布设，保护性耕作研发团队开始了多项保护性耕作条件摸索性试验的布设及数据的采集与分析工作。先后布设了秸秆不同覆盖量、秸秆覆盖不同频率、秸秆与肥料交互效应、不同耕作模式对比、不同秸秆形态还田及秸秆覆盖条件下肥料减量试验等。经过几十名硕士、博士十几年的监测，获得了第一手数据，支撑了保护性耕作在东北地区大面积示范推广的可行性。

第二章 保护性耕作试验平台建设

布设田间试验小区

　　通过布设试验小区，探讨不同秸秆还田量、不同秸秆还田频率、秸秆与化肥交互作用对土壤性质的影响，为评价秸秆覆盖效果提供科学依据。

田间微区试验

经过精心布设和搭建，微区顺利建成，并持续运行。许多研究人员对其进行了精心维护，在微区内采集样品，监测作物长势并测定土壤数据。通过对同位素标记的养分运移情况的追踪，深入挖掘东北黑土农田氮素的高效利用与调控机制。

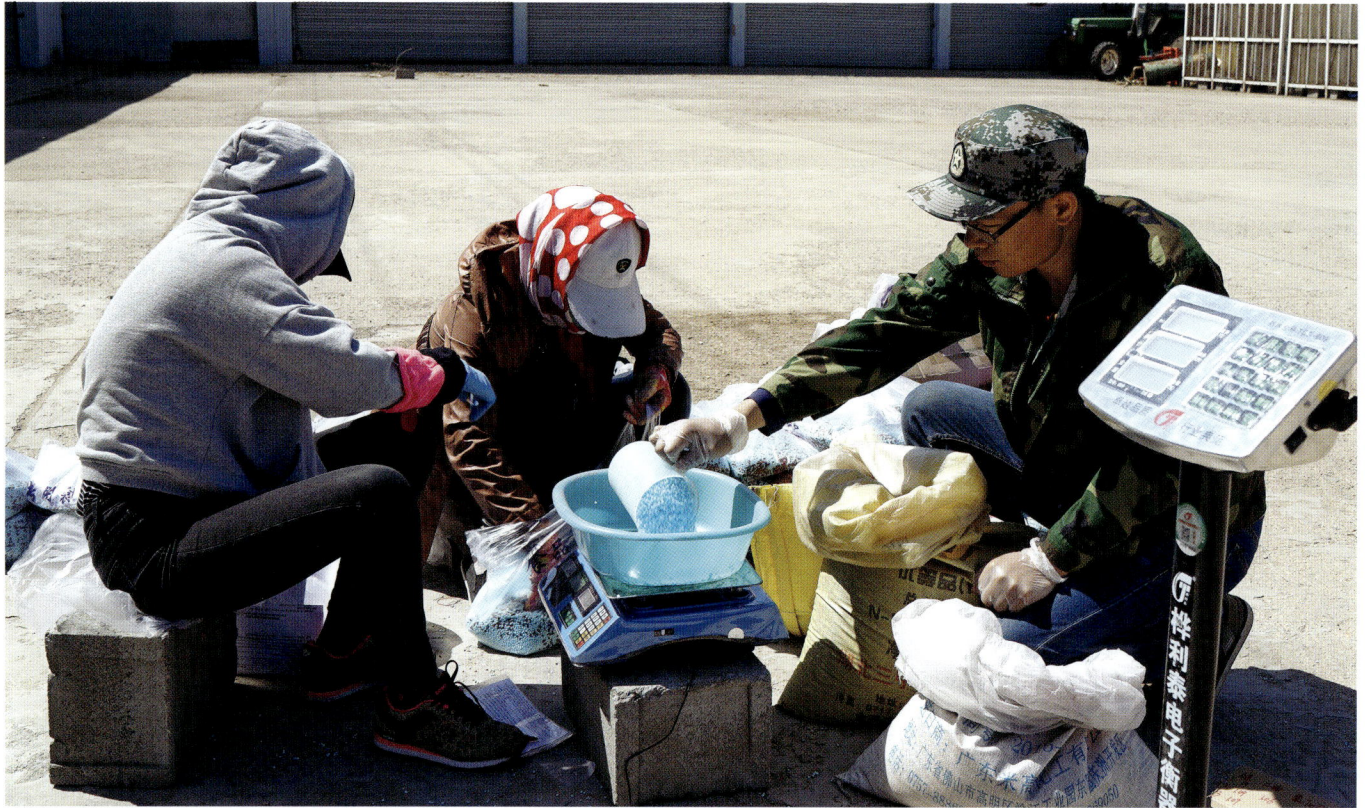

肥料称取与施用

在试验平台建设的道路上，每一步都充满着挑战。由于市场上的肥料氮、磷、钾比例是固定的，不能满足探索性试验的要求。为了探讨秸秆覆盖条件下肥料施用效果，研究团队成员首先需要探索适合的肥料配置比例，耐心调整氮、磷、钾肥料不同添加比例制成试验用肥。随后将称取好的肥料均匀施入试验小区，后续采集土壤样品分析测定土壤养分等指标。经过研究人员的不懈努力和探索验证，目前该试验平台已经建立起一套完善的施肥策略体系，使之成为保护性耕作的重要组成部分，为农业生产提供更加可持续和高效的施肥方案。

土壤样品采集

第二章 保护性耕作试验平台建设

　　为了观察秸秆覆盖对土壤性质的影响，研发团队通过采集土壤不同深度的样品，分析土壤常规理化性质，比如养分和水分等指标，对保护性耕作实施效果进行评价。在采样过程中，按照五点取样的科学采样方法，获得具备代表性的鲜土样品，及时处理并测定鲜土指标，以此最大程度地获得原位土壤特征信息。

根系分析

　　为了明确秸秆覆盖保护性耕作不同试验处理对玉米根系生物量和生长状态的影响，团队成员自行设计了取根设备，将取出的根系清洗，然后送到实验室进行测定分析。

拣除土壤中的根系及杂物

土壤采集后，需进行及时处理，才能进入实验室进行后续的指标测定与分析。处理的第一道工序就是拣除土壤中肉眼可见的碎石、植物根系与有机杂物，随后进入后续的过筛与称量工序。在挑除植物根系和碎石等的过程中，首先需要对工具进行消毒处理，随后进行细致耐心的挑选剔除工序。

土壤过筛

　　在土壤完成了初步的根系与可见杂物去除工作后，就进入了过筛步骤。基于测试需求对待测土壤进行筛分，通常会选用 2 毫米孔径的筛子对其进行初步过筛。

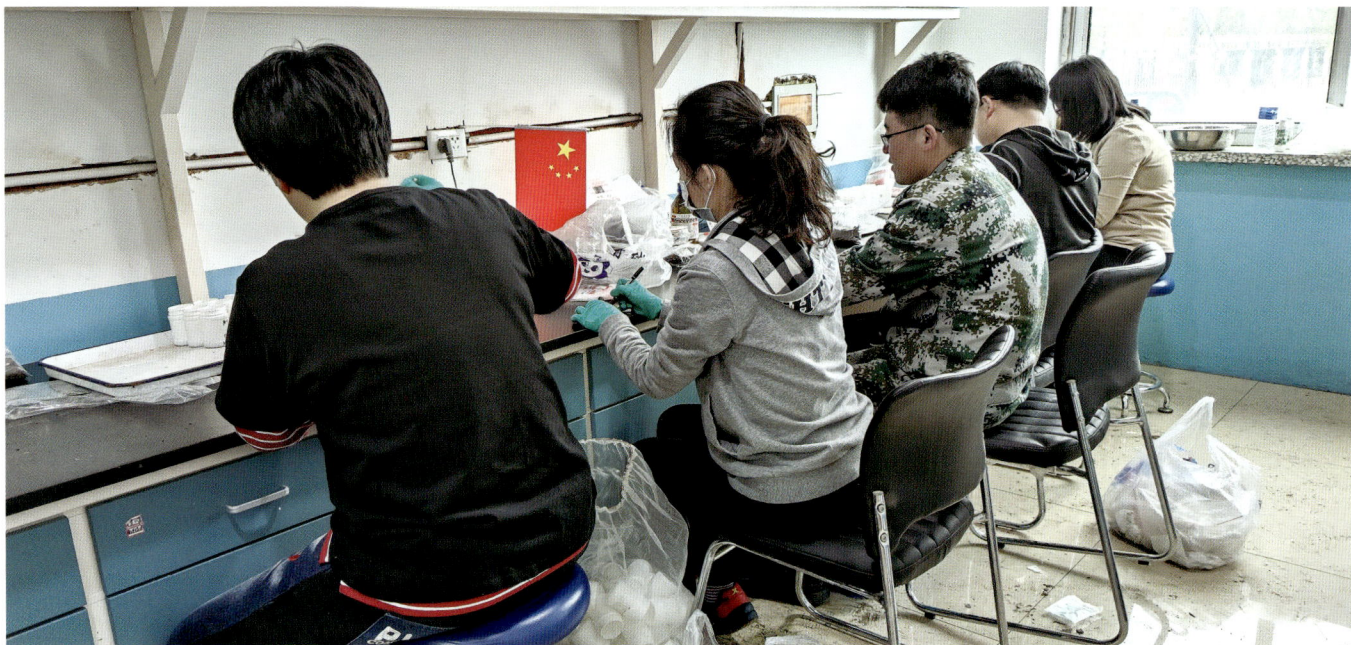

称量土壤样品

土壤初筛后，根据后续待测指标所需的用土量，对过筛后的土壤样品进行称量分装，获得待分析的样品。土壤样品前处理每个工序都是不可或缺且需要细致和耐心。为了保持样品新鲜程度，保证后续测定指标的准确性，该项工作需要尽量多的人及时处理完成。

苗情调查

玉米生长状况监测

　　通过对出苗情况、株距、株高及苗龄等指标的观察和记录，可以及时发现苗期存在的问题，如病虫害、缺肥缺水等，以指导管理措施的优化和施肥策略的调控，确保公顷保苗数和作物健康生长。

　　玉米关键生育期对叶片面积和叶绿素相对含量进行监测，探讨保护性耕作不同模式对玉米生长和光合性能的影响。

第二章 保护性耕作试验平台建设

玉米株高及产量测定

　　玉米生育期，研究团队成员对玉米的株高进行了测定，了解玉米的生长状况，评估其生长健康程度和生长速度，为当季的措施效果评估和下一季的种植计划提供重要参考。此外，团队成员也深入田间对成熟期玉米株距、株数、籽粒重和含水进行了测量，计算亩产。根据秋收测产时的数据不仅可以明确当季产量，也可以为后续制定优化的施肥和田间管理策略提供依据。

蚯蚓数量测定

土壤有机质提升与健康程度的指示离不开生物指标，尤其是作为土壤健康重要生物指标之一的蚯蚓。通常，其数量增加表明土壤的结构得到了改善，通气性和水分保持的能力和养分循环等方面都得到了提升。因此，团队成员对实施了保护性耕作措施的地块与常规地块均进行了蚯蚓数量的调查，用以评价保护性耕作对土壤健康状况的影响效果。

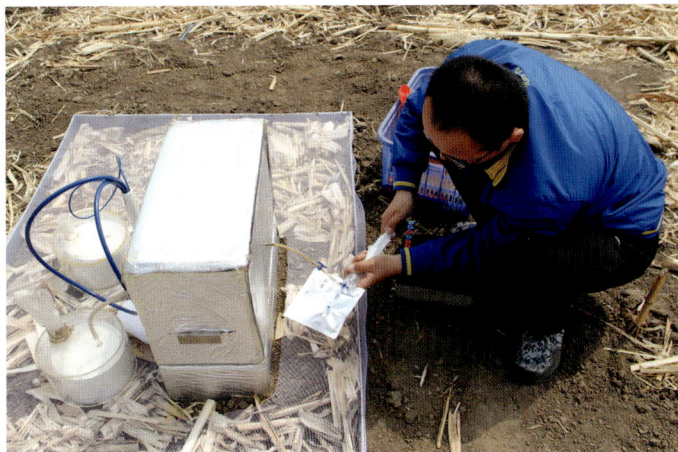

温室气体测定

　　土壤温室气体的排放不仅关乎气候变化，也与土壤的碳与养分循环密切相关。研究人员对试验地块的气体进行了原位的测定。

土壤温度测定

　　土壤对植物生长影响具备四大关键要素，分别是水、肥、气、热。除了要对土壤水分、养分和气体排放进行测定外，土壤的温度也是直接影响作物生长和土壤微生物生存的关键。

第二章　保护性耕作试验平台建设

秸秆覆盖率测定

研究团队在春季播种前对保护性耕作地块的秸秆覆盖程度进行测定，明确了秸秆覆盖的量及覆盖率。

条带浅旋效果测定

　　在保护性耕作实施的过程中，可采取条带浅旋的方式进行秸秆处理及整地，团队研究人员对秸秆覆盖的宽度与土壤浅旋的宽度分别进行了测定，为玉米播种做指导。

玉米秸秆腐烂情况

秸秆覆盖条件下土壤情况观察

　　团队成员深入田间，观察秸秆腐烂状况和土壤有机质的形成效果。因东北地区雨热同季，7—8月秸秆快速腐烂。秸秆腐烂后大量养分释放进入土壤，不仅可为当季作物提供养分，还可促进土壤有机质的形成和积累。

秋季收获

经过长期的秸秆覆盖，玉米产量稳步提升，保护性耕作的实施，促进了玉米稳产增产。

玉米测产

　　在测定了玉米鲜重后，研究人员立刻将测完的玉米悬挂，降低其水分，后续测定其干重。

午休小憩

在玉米丰收之际，团队成员聚在一起，尽情享受着丰收带来的喜悦。在这片金黄的玉米上，他们用勤劳的双手见证了土地的丰收，他们用欢乐的笑声迎接着劳动的硕果，他们用坚定的初心品味着土地的恩赐。

丰收的喜悦

手捧金灿灿果实的研究人员不仅感受到了丰收的喜悦，更赞叹秸秆还田保护性耕作技术的效果。这是对自然的敬畏，是对农田的爱护，更是对农业可持续发展的执着追求。

除梨树试验平台外，中国科学院沈阳应用生态研究所团队还在东北四省区建设 100 余个试验示范基地，通过常年的监测，获得了大量数据，为保护性耕作在东北地区因地制宜示范推广提供了支撑数据。

第二章　保护性耕作试验平台建设

第二章　保护性耕作试验平台建设

风沙区调研

　　双辽风沙区的保护性耕作非常具有代表性。在实施保护性耕作之前，严重的风蚀影响了作物的正常生长，玉米产量平均 400 ～ 500 千克 / 亩。实施几年保护性耕作之后，玉米产量可以达到 700 ～ 800 千克 / 亩。该地区探索的原垄垄作保护性耕作技术模式成为保护性耕作的典范。

中国科学院保护性耕作示范区

项目名称：中东部集约化农田养分高效利用的沃土培育原理与途径（2016YFD0200307）

项目来源：国家重点研发计划（科技部）

研究内容：在理论上阐明土壤养分循环的驱动机制和调控机理，为实现肥料减施

基础，达到肥料20%；在实践上，建设一批肥

制度示

乾安县保护性耕作技术
核心示范区

第二章 保护性耕作试验平台建设

田间调研

　　在乾安县所字镇丙字村，通过实施保护性耕作，实现了整村推进，全村 600 公顷耕地都采用了保护性耕作，老百姓通过应用保护性耕作技术，经济收益显著增加。

第二章　保护性耕作试验平台建设

不忘初心　逐梦前行

祖国生日快乐！

为祖国庆生

2019 年 10 月 1 日，恰逢祖国 70 岁生日，团队成员在田间度过，大家用自己的方式祝贺祖国生日快乐！

保护性耕作研发团队

古诗有云，落红不是无情物，化作春泥更护花。秸秆又何尝不是可以滋养土地的春泥，保护着作物的生长呢？敬畏自然，取之于自然用之于自然的智慧在保护性耕作研发团队成员的守护下将在这片黑土上生根发芽。

【第三章】

保护性耕作
技术模式

习近平总书记指出，"农业现代化，关键是农业科技现代化。要加强农业与科技融合，加强农业科技创新，科研人员要把论文写在大地上，让农民用最好的技术种出最好的粮食。""要认真总结和推广'梨树模式'，采取有效措施切实把黑土地这个'耕地中的大熊猫'保护好、利用好，使之永远造福人民。"

发展现代农业、革新耕作方式是遏制东北黑土退化、保护和利用好黑土地，使之恢复和重建黑土高产高效功能的根本途径。在实践上，减少田间耕作、增加作物（玉米）秸秆归还是可持续农业的重要发展方向。在模式上，建立以秸秆覆盖归还保护性耕作为核心的耕作方式是提升黑土生产力、发展东北地区绿色农业的有效手段。

第三章　保护性耕作技术模式

一、秸秆覆盖均匀行

　　玉米秸秆全量覆盖均匀行技术模式（简称均匀行）是指前茬玉米收获后秸秆全量均匀覆盖地表，当年春季采用均匀行免耕播种的技术模式。下一年保持原行距，在前茬的行间播种，实现年际交替轮换，均匀行行距一般大于60厘米。

均匀行免耕播种

　　春播前不进行任何整地作业，当 5 ～ 10 厘米耕层地温稳定在 10℃以上、土壤含水率在 18% 左右时适宜播种。直接采用高性能免耕播种机进行免耕播种作业，采取均匀行方式种植。玉米秸秆全量覆盖均匀行技术模式作业环节少、生产成本降低，综合效益提升。收获时秸秆全部还田并均匀覆盖在地表，能实现养地、保土与保水的目的。

均匀行模式苗期

均匀行模式抽穗期

二、秸秆覆盖宽窄行

　　玉米秸秆集行全量覆盖宽窄行技术模式（简称宽窄行）是指收获后秸秆全部覆盖地表，采用集行机集行，宽窄行免耕播种，秸秆在行间交替（或间隔）覆盖还田的技术模式。上年玉米收获秸秆还田后，在原均匀行距条件下，采用集行机集行秸秆，相邻两行或者三行合并种两行，形成窄行作为苗带、宽行放置秸秆的种植模式，宽行、窄行隔年交替种植。

第三章　保护性耕作技术模式

秸秆归行

后、前置归行机进行归行

　　春耕时进行玉米秸秆归行，清理出基本洁净的播种行（带），为玉米播种准备良好的条件。秸秆归行使用专用的秸秆归行机作业，两盘机型一次作业 1 个宽行，四盘机型一次分别作业 2 个宽行，安装在拖拉机后部。
　　前置归行免耕播种一体，两盘机型安装在拖拉机前部，拖拉机后部挂接免耕播种机，归行与播种作业同时进行。

宽窄行免耕播种

在不翻动土壤的前提下，秸秆归行后直接采用高性能免耕播种机进行免耕播种作业，采取宽窄行方式种植。

第三章 保护性耕作技术模式

宽窄行免耕播种

　　高性能免耕播种机，具有秸秆处理、精量施肥、精准开沟、精量播种、科学覆土与镇压、智能化监控功能，一次完成秸秆切断与清理、化肥侧位深施、苗眼松土、种床整形、播种开沟、单粒播种、施口肥、覆土、重镇压等作业。将免耕播种机调整成宽窄行模式，以 2 行机型为主，一次播种 1 个窄行，大地块连片播种的区域，以 6 行机型为主，一次播种 3 个窄行。

秸秆归行后播种效果

第三章 保护性耕作技术模式

免耕播种苗带

宽窄行种植模式苗期

宽窄行种植模式通风好、透光性高，边际效应明显。秸秆覆盖在整个苗期均能减少土壤的风蚀、水蚀。

第三章　保护性耕作技术模式

秸秆全量覆盖 "二比空" 免耕播种航拍效果

三、秸秆覆盖 "二比空"

　　"二比空" 是种 2 行空 1 行的种植模式。秸秆全量覆盖 "二比空" 给秸秆还田创造了空间，大垄行距 100～120 厘米，实现了行行是边行，利于通风、透光，能减少病虫害发生，充分发挥了边际优势。空行即成为休耕行，次年在上年休耕行进行播种，不改变原有行距和作业机具，省时、省工、省力。通过适当增加密度，实现以密增产，宽行、窄行来回调换，有利于地力恢复，增加产量。

秸秆集行全量覆盖"二比空"技术模式出苗情况

秸秆集行全量覆盖"二比空"模式，由于平作保墒效果明显，在严重春旱的情况下，实现了苗全、苗齐、苗壮。

"二比空"技术模式苗期

夏意渐盛，绿意正浓。"二比空"技术模式，通过合理密植最大化地实现水、肥、气、热的高效利用。驻足田间，放眼望去，片片绿野，根壮叶茂，舒展出一片辽阔的好"丰"景。

第三章　保护性耕作技术模式

"二比空" 技术模式拔节期

"二比空"技术模式开花期

第三章　保护性耕作技术模式

原垄垄作免耕播种

四、秸秆覆盖原垄垄作

　　玉米秸秆覆盖原垄垄作免耕播种技术（简称原垄垄作），秋季收获后，整秆或粉碎的秸秆以自然状态留置垄沟越冬，春季可扫茬后在原垄上免耕播种，6月下旬至7月上旬进行2～3次中耕培垄作业，目的是散墒提温。

五、秸秆覆盖条带耕作

　　玉米秸秆覆盖条带浅旋免耕播种技术（简称条带浅旋）是指机械收获后秸秆覆盖地表，秋季或者春季进行覆盖秸秆集行，使用专用条带浅旋耕作机对苗带（待播种带）表土进行少耕作业，即只浅耕播种带，再用免耕播种机播种的技术模式。

条带浅旋

上年玉米收获的同时将秸秆粉碎覆盖在地表，秋季或者春季采用秸秆集行机进行集行处理后露出基本洁净的待播种带，然后使用专用苗带耕作机浅旋耕苗带，疏松表土，春季直接免耕播种。

条带浅旋后免耕播种

条带浅旋后的耕作带和秸秆覆盖带

　　条带旋耕技术在播种前清理苗带秸秆，苗带升温快，有效解决秋季收获或者秸秆打包导致的土壤压实问题，并且通过秸秆集行将秸秆保留在宽行（休闲带）并减少秸秆漂移，达到了既保证苗带干净，同时保持大部分秸秆覆盖地表的效果。

条带浅旋后宽窄行种植苗期

条带浅旋后宽窄行种植拔节期

六、保护性耕作农机配套

　　经过十几年的研发，中国科学院沈阳应用生态研究所团队为保护性耕作农机配套做出了贡献，在耕种管收各个环节实现了全程机械化。

1/秸秆处理机械

作物秸秆是宝贵的农业资源，倡导综合利用秸秆资源，主要利用途径有：一是秸秆还田作为养料／肥料；二是作为饲料过腹还田；三是作为农村新型能源；四是作为建材、轻工和纺织等工业原料；五是作为基料。秸秆打包机通过压缩将秸秆、稻草等压缩成块，利于秸秆存储、运输以及利用。现广泛运用于农业畜牧业产业中，对环境以及资源的保护发挥了巨大作用。

秸秆打包机

秸秆还田机

　　根据玉米保护性耕作技术实施中对秸秆切碎长度和留茬高度的要求，进行秸秆和根茬的粉碎还田作业。秸秆粉碎还田机将秸秆粉碎抛撒，利于耕地、整地作业，同时利于秸秆腐解而提高土壤肥力，并为后续作业提供良好的种床。

重耙机械

　　重耙主要适用于农田耕前灭茬、破除地表板结、秸秆切碎还田、耕后碎土、平整保墒等项工作，在一些地方亦可代替犁进行土壤耕翻作业。作业功率较大，入土、碎土能力较强，耙后地表平整、土壤松碎，对黏重土壤、荒地和杂草多的地块具有较强的适应能力。

2／整地机械

由于保护性耕作采取"以松代翻，以松代旋"来减少土壤扰动，即通过采取深松作业，替代深翻及旋耕作业。深松一般分为秋季深松、春季深松及苗期深松，但由于秋季作业时间短，秋季深松采用较少，目前保护性耕作条件下，春季深松及苗期深松较为普遍。深松的目的是对耕层土壤进行疏松，打破犁底层以增加土壤的通透性。

春季深松

深松机用于对深层土壤的疏松，深松可以打破犁底层，促进农作物的根系下扎到更深的土层，加大土壤蓄水量，抗旱保墒，促进作物稳产高产。

苗期深松

　　中耕苗期深松作业的目的是散墒提温，蓄雨贮墒，减少地表径流，可结合追肥同时进行，一般在 6 月底至 7 月初进行，可进行 2～3 次深松。

苗期深松作业效果

第三章　保护性耕作技术模式

苗后除草

3／病虫草害的防治机械

　　春季是万物复苏的季节，杂草也陆续萌生，化学除草是保护性耕作技术田间管理的重要一环。秸秆覆盖量较大的情况下，不能进行苗前封闭除草，因此，选择苗后喷施茎叶除草。玉米苗后选择性除草剂在玉米 3 ～ 5 叶、杂草 2 ～ 4 片叶时喷施。

第三章 保护性耕作技术模式

植保无人机作业

苗后除草航拍图

　　植保无人机的使用越来越广泛，无人机进行飞防可以做到覆盖面广，防治实效好，作业全面及时，使用无人机飞防省时省力，安全高效，可以减少成本，提高效率。

秋季收获

4 / 收获机械

　　秋收的田野上，玉米联合收割机在协同作业，机器在田地里来回穿梭，轰隆隆的响声中，一排排玉米被吞入收割机"腹"中，掰棒、脱皮、秸秆粉碎等工序一气呵成。

【第四章】

保护性耕作实施效果评价

　　十几年的监测结果表明，保护性耕作对土壤和环境具有多方面的积极效果，有效遏制了土壤侵蚀、养分流失和土壤退化问题，改善了土壤结构，增强了土壤蓄水保墒能力，提高了生物多样性。同时，保护性耕作有助于减少温室气体排放，促进碳固存，实现农业生产与环境保护的"双赢"。最终保障粮食安全，为黑土地的长期健康和农业的可持续发展提供重要支持。保护黑土，科学施策，永续丰年！

一个生长季后秸秆腐烂状态

秸秆腐解增加了土壤有机质含量，并且向土壤中输入大量氮、磷、钾等营养元素，为植物提供营养，促进植物的生长。此外，腐解的秸秆还能改善土壤结构，提高土壤生物活性。

秸秆覆盖蓄水保墒

1/蓄水保墒

2017 年 5 月 3 日，吉林梨树经历了 53 天的春旱，秸秆覆盖地块，水分含量达到 18%，可直接播种，而常规耕作地块水分含量只有 3%，需要灌溉才能播种。

秸秆覆盖后蚯蚓数量增加

2 / 改善生物性状

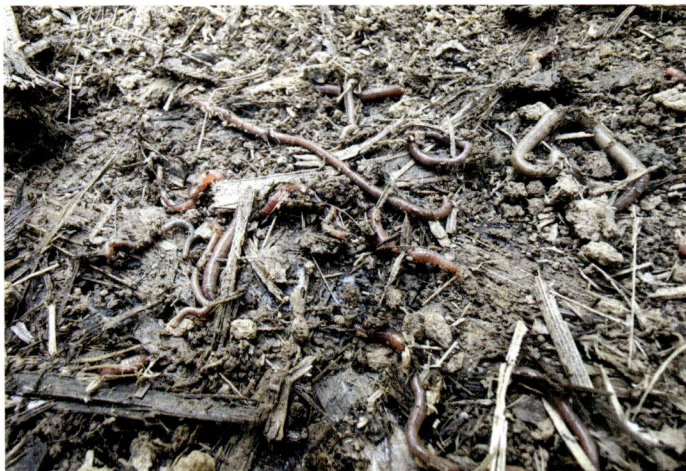

　　秸秆覆盖条件下，显著增加了土壤动物的数量，特别是蚯蚓数量显著增加，2017 年监测结果表明，免耕秸秆覆盖地块蚯蚓可达 60 ～ 100 条 / 平方米，而旋耕起垄地块为 3 ～ 5 条 / 平方米。

3 / 抗风蚀水蚀

秸秆覆盖抑制土壤径流

2021 年在吉林省九台市保护性耕作地块观察到秸秆覆盖可在一定程度上抑制土壤径流。

常规耕作径流导致玉米倒伏

2021 年在吉林省九台市常规耕作地块地表没有秸秆覆盖，径流导致玉米倒伏。

2021 年 5 月，在吉林省双辽市实施保护性耕作地块观察到秸秆覆盖显著遏制了风蚀。

秸秆覆盖抑制扬尘

4／根系发达抗倒伏

2021 年将实施 15 年的全量秸秆覆盖保护性耕作小区与常规耕作小区剖面进行对比，发现保护性耕作处理更有利于根系下扎，根系更发达。原因是多年实施保护性耕作，消除犁底层，扩展根 - 土互促区域，根区扩大，促进了作物生长，构建了厚沃土体，提升地力。

保护性耕作（左）与常规耕作（右）对比图

第四章 保护性耕作实施效果评价

玉米气生根可吸收营养、空气、水分，还具有支撑玉米植株的作用。发达的气生根有效抑制了玉米倒伏。

发达的气生根

第四章 保护性耕作实施效果评价

倒伏的玉米

2020 年经历了 3 场大风，常规耕作玉米大面积倒伏。

5／稳产增产

丰收的玉米

秋季玉米长势喜人

昌图县阳宇合作社秋收场景

　　2020 年，秸秆覆盖保护性耕作玉米平均产量超过 800 千克／亩，而常规耕作玉米平均产量只有 500 ～ 600 千克／亩，大大鼓励了合作社施行保护性耕作技术的积极性。

玉米收获的景象

【第五章】

保护性耕作示范推广及应用

近年来，保护性耕作团队走遍了东北地区，调研各地区土壤气候条件和耕作模式，提出适宜各地区的保护性耕作模式。同时为加大保护性耕作技术模式的推广和宣传，召集周边农户进行观摩、发放技术资料，推介具体做法和成功经验。通过高素质农民培训等活动进行保护性耕作技术讲座，充分发挥带动和示范作用，加快了保护性耕作技术的推广应用。

一、宣传与培训

　　中国科学院沈阳应用生态研究所黑土地保护团队围绕黑土地保护的理论、方法、需求与实践，对黑土地保护性耕作技术模式、黑土地保护性耕作农机配套技术、黑土地保护性耕作示范推广技术、黑土地保护与乡村振兴等内容进行培训。

保护性耕作技术培训

田间现场会

　　黑土地保护关键技术田间教学现场，理论授课与田间实际观摩相结合的形式使大家对黑土地的保护与利用有了更为直观的了解与认识。

二、保护性耕作在黑土平原区的应用

保护性耕作技术应用（榆树）

榆树市黑土地面积大，具有土层深厚、结构良好、营养丰富的特点。秸秆还田有助于提高土壤有机质含量，促进作物增产增收。

保护性耕作技术应用（九台）

长春市九台区应用秸秆还田保护性耕作技术，玉米生长过程抗干旱抗倒伏。

保护性耕作技术应用（昌图）

保护性耕作技术应用（梨树）

　　辽宁省昌图县位于辽河平原北部，适宜中大型保护性耕作机械作业，全县耕种收综合机械化水平达 90% 以上，是辽宁省第一产粮大县。

　　吉林省梨树县位于松辽平原中部腹地，是保护性耕作技术研发地，该县不断加强黑土地的培育与保护，引领了东北粮食生产区玉米保护性耕作的示范推广。

保护性耕作技术应用（双辽）

三、保护性耕作在风沙干旱盐碱区的应用

　　吉林省双辽市地处西部风沙干旱区，春季风沙严重干旱缺水，保护性耕作秸秆覆盖有效减少了水分的蒸发，能蓄水保墒。

　　播种时常规耕作不坐水播种无法出苗，施行保护性耕作措施后，出苗率可达到 80% ～ 90%。主要保护性耕作种植模式为原垄垄作。

第五章 保护性耕作示范推广及应用

保护性耕作技术应用（农安）

　　吉林省农安县从 2013 年开始在盐碱地、涝洼地探索推广应用保护性耕作技术的实践。采用全量覆盖保护性耕作技术，使得盐碱地变成米粮川。农安盐碱地保护性耕作与传统耕作对比，连续多年应用秸秆覆盖保护性耕作技术，减缓了土壤板结、田间积水的问题，保障了苗齐苗壮。

第五章 保护性耕作示范推广及应用

保护性耕作技术应用（乾安）

　　吉林省乾安县耕地土壤沙化盐碱化严重，土壤贫瘠。通过推广保护性耕作技术，秸秆覆盖有效防止风蚀，蓄水保墒，玉米产量大幅提升。

保护性耕作技术应用（阜新）

　　辽宁省阜新县地处科尔沁沙地南缘、地形以低山丘陵为主，属温带半干旱大陆性季风气候。通过保护性耕作，秸秆还田结合免（少）耕播种作业，防风固沙、保墒固土，降低风蚀影响。

保护性耕作技术应用（东丰）

四、保护性耕作在低山丘陵区的应用

　　吉林省东丰县采用秸秆归行和条耕机浅旋宽窄行种植，各个生产环节的中、小机具均可上山地作业，实现了半山区玉米全量秸秆覆盖耕、种、管、收全程机械化。利用保护性耕作秸秆全量覆盖解决了丘陵半山区保土蓄水的问题，田间雨水侵蚀大幅降低，蓄水能力增强。同时，秸秆腐烂有利于土壤有机质含量和土壤肥力的提高。

保护性耕作技术应用（凌源）

　　凌源地处辽西低山与丘陵地形区的中部，保护性耕作技术配合滴灌带，探索出适宜辽西干旱和半干旱地区保土、保水、培肥地力、节约成本、提高粮食单产的技术。

附录

黑土地保卫战

——黑土地保护性耕作『梨树模式』的十五年

作者：高德臣

一群根扎在黑土地的当代神农，一部黑土地涅槃重生的光辉历程，一曲黑土地焕发青春的动人赞歌。

土地，生存的保障。关东黑土地，寸土寸金，五谷年丰。然播耕百载，雨水带走养分，风沙迷住呼吸汗孔，土壤盐渍化使身板僵硬。一道道侵蚀沟是伤口，格外疼痛。过量的化肥是催产素，加重了你的病情。皮肤逐渐变黄变白，生产能力下降，把人们警醒，保护黑土地势在必行。

站出来一群农业科技精英，中国科学院沈阳应用生态研究所张旭东、解宏图，梨树县农技推广站王贵满，领衔担纲。科研校所、农机站、合作社共聚一堂，为黑土地诊断病症。自筹立项资金，克服研究、推广重重困难。足迹踏遍关东黑土，汗水滋润试验田垄。

玉米秸秆曾经是烫手的山芋。收之，无处囤积；焚烧，污染环境。秸秆覆盖土地是床棉被，冬为黑土裸露的胸膛保暖，春为黑土抵抗狂风，夏挡雨水侵蚀，引无数蚯蚓地下默默深耕。玉米的根须深扎黑土，任狂风暴雨吹打，脊梁依旧坚挺。智慧让玉米秸秆有了用武之地，一举双赢。开发研制播耕一体农机，秸秆覆盖播种，让播种、施肥、镇压一次完成，增效节能。虫灾、草害有科技"天眼"监控。逐渐恢复了你的本色，元气在一天天回升。产量拾阶而上，产品绿色更浓。

科研队伍擎起了这片蓝天，农民研讨会根扎在土地，地造天成。万顷黑土地，一望无际的青纱帐，舞动红缨；黄澄澄的玉米，是金色的带子，系在黑土地的腰中。

神州黑土病膏肓，站起良医施救忙。
秸秆留田遮弱体，播耕联手养肥墒。
间歇轮作生发蓄，细管精研模式强。
产量拾阶存绿色，增民福祉保粮仓。

2023 年 11 月 21 日

科技肥黑土

科技肥黑土　丰收绽笑容

科技肥黑土　丰收绽笑容

科技肥黑土　丰收绽笑容

丰收绽笑容

科技肥黑土　丰收绽笑容

科技肥黑土　丰收绽笑容

科技肥黑土　丰收绽笑容